龙港市河口红树林
大型底栖动物图鉴

水柏年　曾晓起　胡成业　蒋颖俊　著

中国海洋大学出版社
·青岛·

图书在版编目（CIP）数据

龙港市河口红树林大型底栖动物图鉴 / 水柏年等著 .
青岛 ：中国海洋大学出版社，2025. 3. -- ISBN 978-7
-5670-4160-8

Ⅰ . Q958.8-64

中国国家版本馆 CIP 数据核字第 2025E410U3 号

LONGGANGSHI HEKOU HONGSHULIN DAXING DIQI DONGWU TUJIAN

龙港市河口红树林大型底栖动物图鉴

出版发行	中国海洋大学出版社
社　　址	青岛市香港东路23号　　　邮政编码　266071
网　　址	http://pub.ouc.edu.cn
出 版 人	刘文菁
策划组稿	魏建功
责任编辑	丁玉霞　孙　玮　由元春
印　　制	青岛国彩印刷股份有限公司
版　　次	2025 年 3 月第 1 版
印　　次	2025 年 3 月第 1 次印刷
成品尺寸	185 mm × 260 mm
印　　张	5
字　　数	68 千
印　　数	1-1000
定　　价	88.00 元
订购电话	0532-82032573（传真）

发现印装质量问题，请致电 0532-58700166，由印刷厂负责调换。

序言

　　我之所以欣然为水柏年教授的图鉴作序，是因为我欣赏水教授，他有一种教书育人的持久情怀，不愧是全国优秀教师、浙江省师德楷模。我坚信，倘若一个教授能够以这样一种温情，久久为功地专注于自己的科学研究，那么，他所带来的学术成果一定也是真实且富有温度的。事实也是这样。我浏览他所赠阅的《龙港市河口红树林大型底栖动物图鉴》书稿，调查资料是客观的，文献资料是翔实的，读来有一种亲历般的科学旅行感。

　　红树林是热带、亚热带淤泥质海岸线潮间带的主要植被，由以红树植物为主体的常绿灌木或乔木组成，是鸟类、鱼类、甲壳类、贝类、爬行动物和哺乳动物的重要繁育地，能为渔业、沉积物调节和抵御风暴／海啸灾害等方面提供重要生态系统服务。红树林正受到越来越多的关注。自1971年来自18个国家的代表在伊朗拉姆萨尔共同签署了《关于特别是作为水禽栖息地的国际重要湿地公约》(简称《湿地公约》)，红树林作为滨海湿地的典范性类型受到学术界的高度重视。1992年联合国环境和发展大会提出《生物多样性公约》之后，学术界将热带雨林、珊瑚礁、红树林生态系统公认为全球生物多样性最为丰富、生产力最高的生态系统；其后，联合国于2009

年发布《蓝碳：健康海洋固碳作用的评估报告》，首次提出蓝碳概念，并确认了红树林、盐沼、海草床为重要滨海生态系统，在全球碳循环和应对气候变化中具有重要作用。这样，关于红树林的研究意义，形成了湿地－生物多样性－蓝碳的交集，汇集了生境－生物－生态效应的研究层次，蕴含着因地制宜发展生态经济新质生产力的巨大潜力。

我国从"十三五"以来积极实施"蓝色海湾""南红北柳""生态岛礁"等重点工程，积极推进海洋生态建设和整治修复，加快"美丽海洋"建设。其中，"南红北柳"生态工程就是指南方以种植红树林为代表、北方以种植桎柳、碱蓬为代表，因地制宜开展滨海湿地、河口湿地生态修复工程。2002 年以来，龙港市鳌江河口湿地人工秋茄林引种面积已达到 1200 亩（1 亩≈666.7 m²），长势良好。2017 年 3 月龙港市鳌江河口湿地被列入《浙江省重要湿地名录》，同年被浙江省林业局批准为浙江龙港红树林省级湿地公园，2023 年被列为国家级重要湿地。随着秋茄林在鳌江湿地引种与生态修复，秋茄林区生物多样性显著提高。

作者基于 2021 年—2024 年连续 3 年 12 季次大型底栖动物调查，结合有关文献资料，编著了《龙港市河口红树林大型底栖动物图鉴》，图文并茂，收录的物种图照是跃然的，能够一眼就看到生命的活力。本书可供从事海洋生物领域的专家学者科研参考，可供沿海政府管理部门参阅借鉴，也可供海洋与水产专业的人才培养作为案例教材使用。

以此为序。

严小军

2024 年 12 月

目录

一、环节动物门 Annelida

多毛纲 Polychaeta

1. 沙蚕科 Nereididae

（1）长须沙蚕 *Nereis longior* Chlebovitsch et Wu，1962

长须沙蚕

口前叶和围口节

长须沙蚕隶属于多毛纲 **Polychaeta**

沙蚕目 **Nereidida**

沙蚕科 **Nereididae**

沙蚕属 *Nereis*

形态特征：口前叶呈六边形，两对眼呈矩形排列。最长触须后伸至第 6 至第 11 刚节。Ⅰ区、Ⅴ区、Ⅶ区、Ⅷ区均无齿，Ⅱ区无齿或具 1 ~ 3 枚齿，Ⅲ区 3 ~ 7 枚齿排成一横排，Ⅳ区 5 ~ 12 枚齿排成弧形，Ⅵ区 2 ~ 4 枚齿。前两对疣足为单叶型，背须与背、腹舌叶约等长。体前部疣足的背须约为背舌叶的两倍长。体中部和后部的背须长度为背舌叶的 2 ~ 2.5 倍，背、腹舌叶为三角形。体前部疣足的背刚毛为等齿刺状刚毛，从第 36 或第 37 刚节开始，转变为等齿梭状刚毛。足刺上方的腹刚毛为等齿和异齿刺状刚毛；足刺下方的为异齿刺状和异齿镰刀形刚毛，后者的端片有长、短两种。

生态习性：该种生活于褐色软泥中（少数生活于泥沙和空贝壳中），水深 18 ~ 77 m。

地理分布：该种主要分布于我国渤海、黄海、东海。

（2）背褶沙蚕 *Tambalagamia fauveli* Pillai，1961

背褶沙蚕

背褶沙蚕隶属于多毛纲 **Polychaeta**

沙蚕目 **Nereidida**

沙蚕科 **Nereididae**

背褶沙蚕属 *Tambalagamia*

形态特征：口前叶前缘具深裂，具1对触手、1对触角；眼2对，几乎等大。触须最长者后伸至第6至第8刚节。1对大颚浅黄色，无侧齿。吻仅口环具锥状软乳突：V区、Ⅵ区5枚齿排成一横排，Ⅶ区、Ⅷ区7枚齿排成一横排。前两对疣足附加背须（上背舌叶）与背须皆位于须基上，约等长。第15刚节须基变长，背须紧靠附加背须，故似双背须。以后刚节附加背须消失，背须直接位于长的须基上。皆具双腹须。第25刚节后，体背面出现横褶。刚毛皆为等齿刺状。

生态习性：该种生活于我国黄海、渤海（水深约39 m）、南海（水深约60 m）砾石碎贝壳的泥沙底，虫体常穴居于填满泥沙的空贝壳中。

地理分布：在我国，该种分布于渤海、黄海和南海；该种还分布于印度洋及斯里兰卡、越南、日本沿海等。

（3）日本刺沙蚕 *Neanthes japonica*（Izuka，1908）

日本刺沙蚕（左）　　　　　模式图（右）

日本刺沙蚕隶属于多毛纲 **Polychaeta**

沙蚕目 **Nereidida**

沙蚕科 **Nereididae**

刺沙蚕属 *Neanthes*

形态特征：口前叶宽大于长，最长触须后伸至第 2 ~ 4 刚节。吻具圆锥状齿：Ⅰ区，具 1 ~ 5 枚齿；Ⅱ区弯曲，具 10 ~ 12 枚齿；Ⅲ区椭圆形堆，具 30 ~ 40 枚齿；Ⅳ区 2 ~ 3 弯曲，具 12 ~ 15 枚齿；Ⅴ区无齿；Ⅵ区一堆，具 4 ~ 7 枚齿（或 10 枚齿）；Ⅶ区、Ⅷ区，具 15 ~ 20 枚齿。大颚深褐色，具 5 ~ 6 枚侧齿。体前部和体中部疣足具 3 个背舌叶和 1 个腹舌叶。上背舌叶叶片状，中间的背前刚叶较小。背、腹须皆短于刚叶。背刚毛等齿刺状。腹足刺上方具等齿刺状和异齿镰刀形刚毛，腹足刺下方具等齿、异齿刺状和异齿镰刀形刚毛。约从第 36 刚节开始，腹足刺上方的异齿镰刀形刚毛转变为 1 ~ 2 根简单型刚毛。

生态习性：该种广盐分布，常栖息于河口泥沙滩。

地理分布：该种分布于我国渤海、黄海、东海。

（4）全刺沙蚕 *Nectoneanthes oxypoda*（Marenzeller，1879）

全刺沙蚕（引自《东海底栖动物常见种形态分类图谱》，王春生）

全刺沙蚕隶属于多毛纲 **Polychaeta**

沙蚕目 **Nereidida**

沙蚕科 **Nereididae**

全刺沙蚕属 *Nectoneanthes*

形态特征： 口前叶近三角形。具 2 个触手、2 个触角。眼 2 对，呈矩形排列。最长触须后伸到第 4 至第 5 刚节。吻具圆锥形齿：Ⅰ区，具 1 ~ 5 枚齿；Ⅱ区，具 26 ~ 34 枚齿；Ⅲ区，一堆齿，具 10 ~ 20 枚齿；Ⅳ区，具 29 ~ 34 枚齿，呈三角堆；Ⅴ区，具 1 ~ 2 枚齿；Ⅵ区，具 11 ~ 16 枚齿，为椭圆形堆；Ⅶ区、Ⅷ区，由多排小齿不规则地排成横带。体前部具双叶型疣足，疣足有 3 个大的背舌叶。约从第 14 刚节开始，上背舌叶向两侧扩大，中部凹陷，背须位于其中。体中部的上背舌叶继续增大变宽，背须位于深凹陷中。体后部上背舌叶为长方形，背须位于其顶部。背、腹刚毛皆为等齿刺状。

生态习性： 该种生活于潮间带泥滩。

地理分布： 该种分布于我国近海。

（5）双齿围沙蚕 *Perinereis aibuhitensis*（Grube，1878）

双齿围沙蚕（引自《东海底栖动物常见种形态分类图谱》，王春生）

双齿围沙蚕隶属于多毛纲 **Polychaeta**

沙蚕目 **Nereidida**

沙蚕科 **Nereididae**

围沙蚕属 *Perinereis*

形态特征：口前叶近似梨形。触手稍短于触角。最长触须后伸到第 6 至第 8 刚节。吻除Ⅵ区具 2 ～ 3 枚扁齿外，其余具圆锥形齿：Ⅰ区，具 2 ～ 4 枚齿；Ⅱ区，具 12 ～ 18 枚齿；Ⅲ区，具 30 ～ 54 枚齿；Ⅳ区，具 18 ～ 25 枚齿；Ⅴ区，具 2 ～ 4 枚齿；Ⅶ区、Ⅷ区，具 35 ～ 45 枚齿，排成两排。大颚侧齿 6 ～ 7 枚。体中部疣足上，下背舌叶尖细，稍长于背须；前、后腹刚叶与下腹舌叶几乎等长。腹须短。背刚毛为等齿刺状，腹刚毛为等齿、异齿刺状和异齿镰刀形。

生态习性：该种栖息于潮间带泥滩中，亦见于红树林群落中。

地理分布：在我国，该种分布于渤海、黄海、东海、南海；该种还分布于朝鲜半岛、泰国、菲律宾、印度、印度尼西亚等海域。

（6）多齿围沙蚕 *Perinereis nuntia*（Savigny，1818）

多齿围沙蚕

> 多齿围沙蚕隶属于多毛纲 **Polychaeta**
>
> 沙蚕目 **Nereidida**
>
> 沙蚕科 **Nereididae**
>
> 围沙蚕属 *Perinereis*

形态特征：体长 72 ~ 100 mm，具 108 ~ 120 个刚节。体色常随环境变化，咖啡色、红色均有。2 对眼呈倒梯形排列。触手短指状。触角基节粗，呈圆柱状；端节纽扣状。吻各区均具颚齿：Ⅴ区具 1 ~ 3 枚圆锥形颚齿，Ⅵ区具 4 ~ 8 枚短棒状或夹有锥状颚齿。

生态习性：该种栖息于潮间带岩岸粗砂或珊瑚砂层中。

地理分布：该种分布于我国渤海、黄海、东海和南海。

（7）疣吻沙蚕 *Tylorrhynchus heterochaetus*（Quatrefages，1865）

疣吻沙蚕（引自《东海底栖动物常见种形态分类图谱》，王春生）

疣吻沙蚕隶属于多毛纲 **Polychaeta**

沙蚕目 **Nereidida**

沙蚕科 **Nereididae**

疣吻沙蚕属 *Tylorrhynchus*

形态特征：体长约 100 mm，体宽（含足）约 4 mm。2 对圆形眼，呈倒梯形排列，位于口前叶的后中部。围口节触须 4 对。吻表面口环和颚环无颚齿，具乳头状或圆乳状的软乳突，吻端 2 个大颚，每个大颚具侧齿 7～9 枚。

生态习性：该种栖息于泥质潮间带。

地理分布：该种分布于我国东海及南海河口区。

2. 吻沙蚕科 Glyceridae

长吻沙蚕 *Glycera chirori* Izuka，1912

长吻沙蚕

长吻沙蚕隶属于多毛纲 **Polychaeta**

叶须虫目 **Phyllodocida**

吻沙蚕科 **Glyceridae**

吻沙蚕属 *Glycera*

形态特征： 体粗大，长 350 mm 以上，体节数目为 200 个左右，每一体节具 2 个环轮。口前叶短，呈圆锥形，具 10 环轮，末端有 4 个短而小的触手。吻部短而粗，前端具 4 个大颚，吻上具稀疏的叶状和圆锥状乳突。

生态习性： 该种栖息于泥沙或沙泥底质潮间带至浅海。

地理分布： 该种在我国沿海广泛分布。

3. 欧努菲虫科 Onuphidae

智利巢沙蚕 Diopatra chiliensis Quatrefages，1865

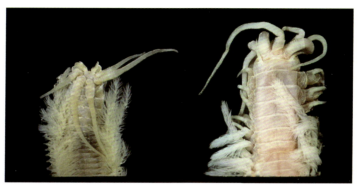

智利巢沙蚕（引自《东海底栖动物常见种形态分类图谱》，王春生）

> 智利巢沙蚕隶属于多毛纲 **Polychaeta**
>
> 矶沙蚕目 **Eunicida**
>
> 欧努菲虫科 **Onuphidae**
>
> 巢沙蚕属 *Diopatra*

形态特征：体长约为 400 mm，具有 200 ~ 300 个体节。头部小，有两个小的触肢，背面有 5 个长而大的触手，触手的基部有分节现象。围口节非常发达，呈半圆形，没有疣足，前端还有 1 对短小的触须，位于口前叶触手的两侧。口内结构复杂，上颚由 4 对颚片组成，下颚则由 1 对细长的颚片构成。鳃非常发达，从第 5 节开始，每个鳃轴上都有许多鳃丝呈螺旋状排列，但随着身体的向后延伸，鳃逐渐变小，第 70 节起鳃逐渐消失。疣足较小，具有刺状刚毛、栉状刚毛及钩状刚毛，并且有肛须 2 对。身体呈褐色，前部背面为暗青色。

生态习性：该种栖息在潮间带泥沙底质的管子中，昼伏夜出，随潮水涨落而活动。

地理分布：该种分布于我国华北沿海、华东沿海、华南沿海等。

4. 小头虫科 Capitellidae

（1）丝异须虫 *Heteromastus filiforms*（Claparède，1864）

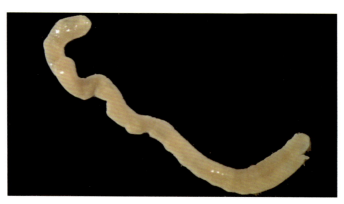

丝异须虫

丝异须虫隶属于多毛纲 **Polychaeta**

囊吻目 **Scolecida**

小头虫科 **Capitellidae**

丝异须虫属 *Heteromastus*

形态特征：体细长，线形。胸部和腹部的分界不明显。胸部第 1 体节无刚毛，第 2 ~ 12 体节具刚毛，前 5 刚节（即具刚毛体节）背、腹足叶具毛状刚毛，第 6 ~ 11 刚节背、腹足叶仅具巾钩刚毛。腹部背、腹足叶均具巾钩刚毛。鳃始于第 70 ~ 80 刚节，位于腹足叶上方。巾钩刚毛巾长为宽的两倍多，主齿上方具 3 ~ 6 枚小齿。

生态习性：该种栖息于潮间带和潮下带泥沙滩或软泥底质滩。

地理分布：该种分布于我国黄海、东海、南海。

（2）背毛背蚓虫 *Notomastus aberans* Day，1957

背毛背蚓虫

> 背毛背蚓虫隶属于多毛纲 **Polychaeta**
>
> 囊吻目 **Scolecida**
>
> 小头虫科 **Capitellidae**
>
> 背蚓虫属 *Notomastus*

形态特征： 口前叶长锥状，胸部第 1 体节无刚毛，余为 11 刚节（第 2 ~ 12 体节），第 1 刚节仅背足叶具毛状刚毛，第 2 ~ 10 刚节背、腹足叶均具毛状刚毛。腹部体节背、腹足叶稍隆起，上具巾钩刚毛。鳃乳突状，位于背、腹足叶之间。巾钩刚毛的巾长约为宽的两倍，主齿上方约有两排小齿。

生态习性： 该种栖息于岩石和碎石下淤泥中。

地理分布： 在我国，该种分布于南海、东海；该种还分布于南非、马达加斯加海域。

二、星虫动物门 Sipuncula

革囊星虫纲 Phascolosomatidea

革囊星虫科 Phascolosomatidae

弓形革囊星虫 *Phascolosoma arcuatum*（Gray，1928）

弓形革囊星虫

弓形革囊星虫隶属于革囊星虫纲 **Phascolosomatidea**
革囊星虫目 **Phascolosomatiformes**
革囊星虫科 **Phascolosomatidae**
革囊星虫属 *Phascolosoma*

形态特征： 体长 60 ~ 120 mm。吻部细长，管状，长度为体长的 1.5 ~ 2 倍。吻部远端有钩环 50 ~ 70 环，其后有不完整钩环约 100 环。每钩棕黄色，高 0.06 mm，基部似马蹄形，宽 0.04 mm，主齿尖向后弯曲，无副齿，透明三角区清晰；底部宽大，占有整个钩的基部；透明中沟上端尖，深入主齿；下端宽，连接三角区的顶端。钩环间有球形乳突，直径 0.03 mm，其角质板排列紧密，呈现数环。触手指状，通常为 10 个，围绕项器呈马蹄形排列在口的背侧。每个触手的外侧面白色，内面有褐色斑点。体表面生有许多皮肤乳突，圆锥形，棕褐色，由多角形的角质小板组成。位于吻基部和体末端的乳突色深，粗大而密集，直径 0.3 ~ 0.5 mm。每个乳突的角质小板排列紧密，边缘的最大，色深，趋向中央依次变小、变浅。

生态习性： 该种多栖息在高潮区和潮上带盐碱性草类丛生的泥沙中。

地理分布： 该种分布于我国东海和南海。

三、软体动物门 Mollusca

（一）腹足纲 Gastropoda

1. 蜑螺科 Neritidae

（1）齿纹蜑螺 *Nerita yoldi* Recluz，1840

齿纹蜑螺

> 齿纹蜑螺隶属于腹足纲 **Gastropoda**
>
> 　　　　原始腹足目 **Archaeogastropoda**
>
> 　　　　蜑螺科 **Neritidae**
>
> 　　　　蜑螺属 *Nerita*

形态特征：壳小，卵形，长约 17 mm，宽约 20 mm；壳面平滑，螺肋低平或不明显。壳为白色或黄白色，有黑色的花纹和云状斑。壳口面灰绿色或黄绿色，外唇内缘有 1 列齿；内唇中部有 2 ~ 3 枚细齿。

生态习性：该种生活在潮间带高、中区的岩石间。

地理分布：在我国，该种分布于浙江以南沿海；该种还分布于西太平洋和印度洋。

（2）黑线蜑螺 *Nerita lineata* Gmelin，1791

黑线蜑螺

黑线蜑螺隶属于腹足纲 **Gastropoda**

原始腹足目 **Archaeogastropoda**

蜑螺科 **Neritidae**

蜑螺属 *Nerita*

形态特征：壳长约 24 mm，宽约 22 mm。壳半球形，结实。螺旋部低小。体螺层膨大，几乎占壳全部。壳灰黄色，布满黑色螺肋。体螺层约有 20 层。壳口半月形，内面灰白色或灰黄色。外唇内面加厚，具有粒状齿列；内唇倾斜，内缘中央凹陷部有 2 枚强壮齿。

生态习性：该种栖息于潮间带岩石或珊瑚礁间。

地理分布：在我国，该种主要分布于海南岛、西沙群岛；该种还分布于印度洋、西太平洋。

（3）紫游螺 *Neritina violacea*（Gmelin，1791）

紫游螺

紫游螺隶属于腹足纲 **Gastropoda**

原始腹足目 **Archaeogastropoda**

蜑螺科 **Neritidae**

游螺属 *Neritina*

形态特征：壳长约 15 mm，宽约 19 mm；壳近半球形，螺旋部卷入体螺层后方。壳黄褐色，布有曲折的棕色波状花纹。壳口面宽广，通常青灰白色或橘黄色。

生态习性：该种生活在红树林或有少量淡水注入的河口附近。

地理分布：在我国，该种分布于台湾海域和浙江以南沿海；该种还分布于西太平洋沿岸。

2. 滨螺科 Littorinidae

（1）粗糙拟滨螺 *Littoraria scabra*（Linnaeus，1758）

粗糙拟滨螺

粗糙拟滨螺隶属于腹足纲 **Gastropoda**

中腹足目 **Mesogastropoda**

滨螺科 **Littorinidae**

拟滨螺属 *Littoraria*

形态特征：壳长约 31 mm，宽约 18 mm。螺旋部呈尖锥形，灰黄色，杂有褐色纵走色带或环走的条纹。螺层 8 层。缝合线深。螺层微显膨胀，具细密的螺肋。在缝合线上方有一较粗的螺肋，此肋在体螺层下部形成明显的棱角。壳口上端稍尖，下端略呈截形。外唇薄，内唇下端向外反折。无脐，厣角质。

生态习性：该种生活在高潮线附近的岩礁上或红树林的树枝上。

地理分布：该种在我国南北沿海广泛分布。

（2）黑口拟滨螺 *Littoraria melanostoma* Gray，1839

黑口拟滨螺

> 黑口拟滨螺隶属于腹足纲 **Gastropoda**
>
> 中腹足目 **Mesogastropoda**
>
> 滨螺科 **Littorinidae**
>
> 拟滨螺属 *Littoraria*

形态特征：壳长约 17 mm，宽约 9 mm。螺旋部呈尖圆锥形。体螺层膨大。壳表面具有较浅而明显的螺旋沟纹，淡黄色，其上具有小的淡褐色斑点或纵走褐色花纹。壳口较大，外唇薄。壳轴紫黑色。

生理习性：该种栖息于高潮区，常常在红树林内的红树基部或枝叉上匍匐生活。

地理分布：该种分布于西太平洋。在我国，该种分布于东海和南海。

（3）短滨螺 *Littorina brevicula*（Philippi，1844）

短滨螺

短滨螺隶属于腹足纲 **Gastropoda**

中腹足目 **Mesogastropoda**

滨螺科 **Littorinidae**

滨螺属 *Littorina*

形态特征：壳陀螺形，长 14 mm；螺层中部形成肩角，表面具粗细不均的螺肋，壳色有变化，多为黄绿色，杂有褐色、白色云状斑和斑点。壳口圆，内面褐色，无脐。

生态习性：该种生活在潮间带高潮区的岩石上或缝隙间。

地理分布：在我国，该种分布于北方海域的岩石岸，向南可分布到广东沿海；该种还分布于日本和朝鲜半岛沿海。

3. 拟沼螺科 Assimineidae

（1）绯拟沼螺 *Assiminea latericea* H. et A. Adams，1863

绯拟沼螺

> 绯拟沼螺隶属于腹足纲 **Gastropoda**
>
> 中腹足目 **Mesogastropoda**
>
> 拟沼螺科 **Assimineidae**
>
> 拟沼螺属 *Assiminea*

形态特征：壳长 7.5 mm，宽 4.8 mm。壳小型，坚硬，外形呈长卵形，螺层约 6 层。缝合线浅而明显。各螺层略膨胀外凸。壳顶尖锐。体螺层膨圆。壳面光滑，绯红色，具光泽，缝合线下方的色泽较淡。生长纹细致。壳口洋梨形，完全壳口，周缘锐利。内唇上缘贴于体螺层上。脐孔被覆盖。厣角质。

生态习性：该种生活于海淡水交汇的河口泥滩。

地理分布：该种分布于我国渤海、黄海和东海。

（2）短拟沼螺 *Assiminea brevicula*（Pfeiffer，1854）

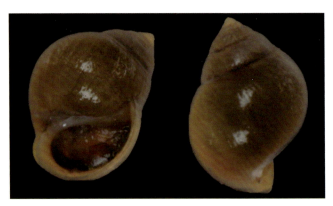

短拟沼螺

短拟沼螺隶属于腹足纲 **Gastropoda**

中腹足目 **Mesogastropoda**

拟沼螺科 **Assimineidae**

拟沼螺属 *Assiminea*

形态特征：壳小型，坚硬，外形呈长卵形。螺层约6层，缝合线浅而明显。各螺层略膨胀外凸。壳顶尖锐，体螺层膨圆。壳光滑，绯红色，具光泽，缝合线下方的颜色较浅。生长纹细。壳口洋梨形，完全壳口，周缘锐利。内唇上缘于体螺层上。脐孔被覆盖。厣角质。

生态习性：该种主要生活于红树林，营半陆栖生活。

地理分布：该种分布于东亚及东南亚沿海。

4. 汇螺科 Potamididae

（1）尖锥拟蟹守螺 *Cerithidea largillierti*（Philippi，1848）

尖锥拟蟹守螺

尖锥拟蟹守螺隶属于腹足纲 **Gastropoda**

中腹足目 **Mesogastropoda**

汇螺科 **Potamididae**

拟蟹守螺属 *Cerithidea*

形态特征：壳呈尖锥形，壳质结实。壳顶常被磨损。缝合线稍深。螺旋部高，体螺层短而稍宽。各螺层宽度增加均匀，壳面微显膨胀，具有明显的排列密而规则的纵肋，螺肋弱而不明显，壳底部不显膨大，约略可见许多细的螺肋。壳口卵圆形，外唇厚，内唇略直。前沟不明显。壳黑褐色，在每一螺层具有一条棕色螺带。

生态习性：该种生活在潮间带有淡水注入的河口附近或红树林中的沙、泥沙及软泥滩上。

地理分布：该种分布于我国渤海至广东沿海。

（2）珠带拟蟹守螺 *Cerithidea cingulata*（Gmelin，1791）

珠带拟蟹守螺

珠带拟蟹守螺隶属于腹足纲 **Gastropoda**

中腹足目 **Mesogastropoda**

汇螺科 **Potamididae**

拟蟹守螺属 *Cerithidea*

形态特征：壳尖塔形，长约 32 mm；螺层约 15 层。螺旋部高，各螺层有 3 列珠状螺肋，在体螺层仅上方 1 列呈珠状，其余较小或不明显。壳面黄褐色，每螺层上有 1 条紫褐色螺带。壳口内有紫褐色线纹，外唇扩张。

生态习性：该种生活在潮间带至浅海有淡水注入的泥或泥沙滩上。

地理分布：该种在我国沿海广泛分布。

（3）彩拟蟹守螺 *Cerithidea ornata*（A. Adams，1855）

彩拟蟹守螺

彩拟蟹守螺隶属于腹足纲 **Gastropoda**

中腹足目 **Mesogastropoda**

汇螺科 **Potamididae**

拟蟹守螺属 *Cerithidea*

形态特征：壳长约 35 mm；壳呈锥形，壳顶常破损，壳面黄白色，每一层上具有 2 条棕色螺带，并有发达的纵肋，纵肋在体螺层排列较稀疏。壳口卵圆形。

生态习性：该种常栖息于潮间带上区，有淡水注入的内湾泥沙滩上。

地理分布：在我国，该种分布于台湾沿海和浙江以南沿海；该种还分布于日本和菲律宾沿海等。

（4）红树拟蟹守螺 *Cerithidea rhizaphorarum* A. Adams，1855

红树拟蟹守螺

> 红树拟蟹守螺隶属于腹足纲 **Gastropoda**
>
> 中腹足目 **Mesogastropoda**
>
> 汇螺科 **Potamididae**
>
> 拟蟹守螺属 *Cerithidea*

形态特征：壳长约 31 mm，宽约 13 mm，锥形。壳顶常被腐蚀。壳面的纵肋和较细的横肋交织成颗粒状突起。壳口近圆形，内面具棕色螺带。

生态习性：该种栖息于有淡水注入的河口区泥沙质底潮间带，常攀爬在红树林的枝干上。

地理分布：该种主要分布于我国东海、南海。

5. 玉螺科 Naticidae

微黄镰玉螺 Lunatia gilva（Philippi，1851）

微黄镰玉螺

微黄镰玉螺隶属于腹足纲 **Gastropoda**

中腹足目 **Mesogastropoda**

玉螺科 **Naticidae**

镰玉螺属 *Lunatia*

形态特征：壳近卵形，长约 40 mm；壳面膨凸，螺旋部呈圆锥形，壳面光滑，呈黄褐色或灰黄色，螺旋部多呈青灰色。壳口卵圆形，内面灰紫色。脐孔大而深。厣角质，栗色。

生态习性：该种生活在潮间带软泥、沙及泥沙质海底。

地理分布：在我国，该种常分布于渤海、黄海沿岸，向南到广东的北部沿海也有分布；该种还分布于朝鲜半岛、日本沿海等。

6. 骨螺科 Muricidae

脉红螺 *Rapana venosa*（Valenciennes，1846）

脉红螺

> 脉红螺隶属于腹足纲 **Gastropoda**
>
> 新腹足目 **Neogastropoda**
>
> 骨螺科 **Muricidae**
>
> 红螺属 ***Rapana***

形态特征：壳较大，长约 100 mm；螺旋部小，体螺层膨大。壳面具螺肋，肩角上具结节突起。壳呈黄褐色，具棕色或紫棕色的斑点和花纹。壳口内杏红色，轴唇下部有宽大的假脐。厣角质。

生态习性：该种栖息于潮间带低潮区及潮下带水深数米的泥沙质海底，喜食其他贝类。

地理分布：该种分布于我国东海、南海。

7. 织纹螺科 Nassariidae

（1）半褶织纹螺 *Nassarius semiplicatus*（A. Adams，1852）

半褶织纹螺

半褶织纹螺隶属于腹足纲 **Gastropoda**

新腹足目 **Neogastropoda**

织纹螺科 **Nassariidae**

织纹螺属 *Nassarius*

形态特征：壳长卵形，长约 21 mm；壳面有明显的纵螺肋；壳面黄白色，体螺层上有 3 条褐色螺带。壳口卵圆形，外唇内缘具齿状肋。

生态习性：该种栖息于潮间带或水稍深的泥或泥沙质海底。

地理分布：该种常见于黄海、东海，为中国特有种。

（2）西格织纹螺 *Nassarius siquijorensis*（A. Adams，1852）

西格织纹螺

> 西格织纹螺隶属于腹足纲 **Gastropoda**
>
> 新腹足目 **Neogastropoda**
>
> 织纹螺科 **Nassariidae**
>
> 织纹螺属 *Nassarius*

形态特征：壳长约 28 mm，壳卵形，缝合线稍深，螺层多少呈阶梯状；壳面黄白色，杂有褐色斑和褐色螺带；有比较发达的纵肋和细螺肋。壳口卵圆形，外唇内缘有肋齿，下方边缘常有 10 余枚齿。

生态习性：该种栖息于水深数米或数十米的沙或泥沙质海底。

地理分布：在我国，该种分布于东海和南海；该种还分布于日本沿海。

8. 阿地螺科 Atyidae

泥螺 Bullacta exarata（Philippi，1848）

泥螺

泥螺

泥螺隶属于腹足纲 **Gastropoda**

头楯目 **Cephalaspidea**

阿地螺科 **Atyidae**

泥螺属 *Bullacta*

形态特征：壳近卵形，长约 19 mm；螺旋部小，体螺层膨大，壳面白色或淡黄色，具有细致的格子状雕刻。壳口宽广，上部稍狭，下部扩张，轴弯曲。软体部分大，不能缩入壳内，可包被大部分壳。

生态习性：该种生活在潮间带至浅海泥沙质海底；常见种。

地理分布：该种在我国沿海广泛分布，以东海产量最大。

9. 耳螺科 Ellobiidae

（1）中国耳螺 *Ellobium chinensis*（Pfeiffer，1855）

中国耳螺

中国耳螺隶属于腹足纲 **Gastropoda**

　　　　基眼目 **Basommatophora**

　　　　耳螺科 **Ellobiidae**

　　　　耳螺属 *Ellobium*

形态特征：壳呈卵形，长约 30 mm；壳顶钝，体螺层高大。壳面有细密的布纹状雕刻，并被有一层黄褐色的壳皮。壳口长，上窄下宽，近耳形，外唇中部厚；轴唇上有 2 枚较强的齿。

生态习性：该种栖息于有淡水注入的高潮线附近及红树林中。

地理分布：在我国，该种分布于浙江、台湾、广东和海南岛沿海；该种还分布于日本和朝鲜半岛沿海。

（2）米氏耳螺 *Ellobium aurismidae*（Linnaeus，1758）

米氏耳螺

米氏耳螺隶属于腹足纲 **Gastropoda**

基眼目 **Basommatophora**

耳螺科 **Ellobiidae**

耳螺属 *Ellobium*

形态特征：壳较大，长约 80 mm；壳顶钝，壳面灰白色，有细密的螺纹和生长纹，在体螺层的上部和基部有小颗粒突起，壳表常具褐色壳皮，两侧有纵肿肋。壳口近耳形，轴唇上有 2 枚肋状齿。

生态习性：该种栖息于有淡水注入处及红树林泥海岸；较少见。

地理分布：在我国，该种分布于广东、广西沿海；该种还分布于新加坡、泰国沿海等。

（3）豹女教士螺 *Pythia pantherina*（A. Adams，1851）

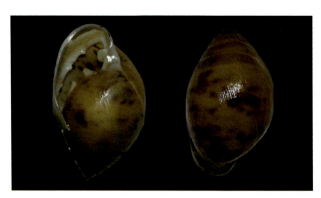

豹女教士螺

豹女教士螺隶属于腹足纲 **Gastropoda**

基眼目 **Basommatophora**

耳螺科 **Ellobiidae**

女教士螺属 *Pythia*

形态特征：壳长约 26 mm；壳卵形，背腹扁，壳面褐色，有模糊的白色云状斑。壳口狭窄，外唇薄，内缘有大小不等的齿 4 ~ 5 枚；内唇上有齿 2 枚，轴唇上有齿 1 枚。

生态习性：该种栖息于潮间带的岩礁。

地理分布：在我国，该种常分布于台湾东南部沿海；该种还分布于日本、菲律宾沿海等。

（二）双壳纲 Bivalvia

1. 蚶科 Arcidae

（1）青蚶 *Barbatia obliquata*（Wood，1828）

青蚶

青蚶隶属于双壳纲 **Bivalvia**

　　蚶目 **Arcoida**

　　蚶科 **Arcidae**

　　须蚶属 *Barbatia*

形态特征：壳长约 35 mm；壳长卵圆形，前端小而圆，后端延长，腹缘中凹，为足丝孔；壳面略显绿色，具有细密的放射肋和棕色的壳皮。壳内面青灰色，铰合部两端的齿稍大而明显，中间齿小而密。

生态习性：该种栖息于潮间带至浅海，以足丝附着在岩礁缝隙中。

地理分布：该种分布于西太平洋。在我国，该种分布于浙江以南至海南沿海。

（2）泥蚶 *Tegillarca granosa*（Linnaeus，1758）

泥蚶

泥蚶隶属于双壳纲 **Bivalvia**

　　蚶目 **Arcoida**

　　蚶科 **Arcidae**

　　泥蚶属 *Tegillarca*

形态特征：壳长约 30 mm；壳卵圆形，极膨胀，两壳顶相距甚远，韧带面呈菱形；壳表被有棕色的壳皮，无壳毛；具 17 ～ 20 发达的放射肋，肋上有结节突起。壳内灰白色，边缘呈锯齿状，铰合齿细密。

生态习性：该种生活于潮下带至浅海软泥质海底。

地理分布：该种分布于印度 – 西太平洋。该种在我国沿海广泛分布。

（3）橄榄蚶 *Estellarca olivacea*（Reeve，1844）

橄榄蚶

橄榄蚶隶属于双壳纲 **Bivalvia**

蚶目 **Arcoida**

蚶科 **Arcidae**

橄榄蚶属 *Estellarca*

形态特征：壳长卵圆形，长径约 21 mm；壳表面有明显的纵螺肋；壳面黄白色，体螺层上有 3 条褐色的螺带。壳口卵圆形，外唇内缘具齿状肋。

生态习性：该种栖息于潮间带或稍深的泥或泥沙质海底。

地理分布：在我国，该种常见于黄海、东海。该种为中国特有种。

（4）魁蚶 *Scapharca broughtoni*（Schrenck，1867）

魁蚶

> 魁蚶隶属于双壳纲 **Bivalvia**
>
> 　　蚶目 **Arcoida**
>
> 　　蚶科 **Arcidae**
>
> 　　毛蚶属 *Scapharca*

形态特征： 壳大，长约 85 mm，呈斜卵圆形，两壳膨凸，略不等大；壳面白色，被有棕色的壳皮和黑棕色的壳毛；壳表具宽而平滑的放射肋 42 条左右。壳内白色，内缘有锯齿状缺刻；铰合部狭长，具一列细密的小齿。

生态习性： 该种生活于潮间带至水深数十米的软泥或泥沙质海底。

地理分布： 在我国，该种分布于渤海、黄海和东海，在辽宁南部沿海产量较大；该种还分布于日本、朝鲜半岛海域等。

2. 樱蛤科 Tellinidae

彩虹明樱蛤 Moerella iridescens（Benson，1842）

彩虹明樱蛤

彩虹明樱蛤隶属于双壳纲 **Bivalvia**

帘蛤目 **Veneroida**

樱蛤科 **Tellinidae**

明樱蛤属 *Moerella*

形态特征：别名海瓜子。壳小型，长约 20 mm；壳呈圆三角形或长椭圆形，质薄，两侧不等。壳面白色而略带粉红色，生长纹细密，在壳后端有一小的纵褶。壳内白色，两壳各有主齿 2 枚。肌痕明显，外套窦深，末端与前闭壳肌相连。

生态习性：该种生活在低潮线附近至浅海细沙或泥沙质海底。

地理分布：该种分布于西太平洋。在我国，该种分布于黄海和东海（浙江沿海数量多）。

3. 紫云蛤科 Psammobiidae

衣紫蛤 *Sanguinolaria togata*（Linnaeus，1758）

衣紫蛤

衣紫蛤隶属于双壳纲 **Bivalvia**

帘蛤目 **Veneroida**

紫云蛤科 **Psammobiidae**

紫蛤属 *Sanguinolaria*

形态特征：壳长约 78 mm；壳近椭圆形，壳质稍薄。壳面白色，同心生长轮脉粗糙，外被有一层黄棕色或黄绿色的壳皮，在壳缘形成皱褶，外韧带突出。壳内青白色，闭壳肌痕明显，外套窦宽大而深。

生态习性：该种栖息于河口潮间带泥沙中，红树林中也有发现。

地理分布：该种常见于我国南海。

4. 灯塔蛏科 Pharellidae

缢蛏 *Sinonovacula constricta*（Lamarck，1818）

缢蛏

缢蛏隶属于双壳纲 **Bivalvia**

帘蛤目 **Veneroida**

灯塔蛏科 **Pharellidae**

缢蛏属 *Sinonovacula*

形态特征：壳长约 80 mm；壳近长方形，壳顶位于背缘近前方。壳前后端均为圆弧形，两端有开口。壳面生长纹粗糙，外被有一层粗糙的黄褐色或黄绿色壳皮；从壳顶至腹缘有一条凹的斜沟。壳内白色，外套痕明显，外套窦宽大。

生态习性：该种生活于潮间带中、下区有淡水注入的内湾和河口区，潜入泥沙中穴居，常见种。

地理分布：在我国，该种分布于南北沿海；该种还分布于朝鲜半岛沿海。

5. 蚬科 Corbiculidae

红树蚬 *Gelonia coaxans*（Gmelin，1791）

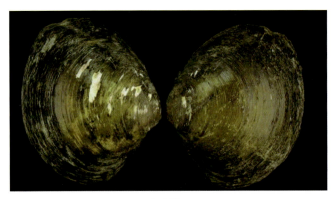

红树蚬

> 红树蚬隶属于双壳纲 **Bivalvia**
>
> 帘蛤目 **Veneroida**
>
> 蚬科 **Corbiculidae**
>
> 硬壳蚬属 *Gelonia*

形态特征：壳呈三角卵圆形，大而膨胀。壳表被有黑褐色壳皮、顶部常磨损。生长线粗而密。韧带较长，黑褐色。壳内面白色，铰合部具主齿 3 枚，左壳前、中主齿和右壳中、后主齿两分叉。前、后侧齿有变化，1 ~ 2 枚，后侧齿位于后背缘中部。前闭壳肌痕呈长卵圆形，后闭壳肌痕近马蹄状。外套痕明显。

生态习性：该种生活于河口高潮区泥沙质海底。

地理分布：该种分布于有红树生长的地带。

6. 帘蛤科 Veneridae

青蛤 *Cyclina sinensis*（Gmelin，1791）

青蛤

青蛤隶属于双壳纲 **Bivalvia**

　　帘蛤目 **Veneroida**

　　帘蛤科 **Veneridae**

　　青蛤属 *Cyclina*

形态特征：壳长达 90 mm；近圆形，壳面膨胀，同心生长轮脉顶端细密，腹缘变得较粗；壳灰白色、淡黄色，常沾染污黑色；无小月面。壳内白色，周缘常呈紫色，并细齿状缺刻。铰合部狭长，3 枚主齿集中于铰合部前部。

生态习性：该种埋栖于潮间带高、中区的泥沙中。

地理分布：在我国，该种分布于渤海、黄海沿岸，向南可分布到广西和海南岛沿海；该种还分布于朝鲜半岛和日本沿海等。

四、节肢动物门 Arthropoda

软甲纲 Malacostraca

1. 虾蛄科 Squillidae

口虾蛄 *Oratosquilla oratoria*（De Haan，1844）

口虾蛄

口虾蛄隶属于软甲纲 **Malacostraca**

口足目 **Stomatopoda**

虾蛄科 **Squillidae**

口虾蛄属 *Oratosquilla*

形态特征：体长约 130 mm。头胸甲长大于宽，中央脊近前端部成 Y 形。掠肢的指节具 6 枚齿，掌节呈栉状齿，腕节背缘有 3 ~ 5 枚齿，长节外侧末下角具刺。第 7 胸节侧突双叶。雄体在第 8 胸节的基部内侧各有 1 个细长的交接器，雌体在第 6 胸节的腹面近中央有 1 个横长雌性开口。

生态习性：该种穴居于泥沙或沙质底潮间带至潮下带。

地理分布：该种在我国沿海广泛分布。

2. 鼓虾科 Alpheidae

（1）鲜明鼓虾 *Alpheus distinguendus* De Man，1909

鲜明鼓虾

鲜明鼓虾隶属于软甲纲 **Malacostrca**

十足目 **Decapoda**

鼓虾科 **Alpheidae**

鼓虾属 ***Alpheus***

形态特征：体长 40 ~ 60 mm、体重 1.5 ~ 5.0 g 的小型虾类。额角呈短刺状，头胸甲光滑无刺，额角后脊伸至头胸甲中部附近。腹部各节粗短而圆。尾节呈舌状，背中央有 1 条纵沟，纵沟两侧前、后各有 1 对活动刺。大螯的钳扁平，外缘较内缘厚，掌部的外侧无横沟。小螯较短，两指向内弯曲，内缘具密丛毛。体色鲜艳美丽，有明显的花纹，第 4 腹节后缘有 3 个棕黑色圆点。第 5 腹节后缘中部有 1 个棕色圆点。

生态习性：该种生活于泥沙底的浅海。

地理分布：在我国，该种分布于南北各海区；该种还分布于印度沿海。

（2）日本鼓虾 *Alpheus japonicus* Miers，1879

日本鼓虾

> 日本鼓虾隶属于软甲纲 **Malacostrca**
>
> 十足目 **Decapoda**
>
> 鼓虾科 **Alpheidae**
>
> 鼓虾属 *Alpheus*

形态特征： 体长 30 ~ 50 mm、体重 1.0 ~ 3.0 g 的小型虾。额角尖细，达第 1 触角柄第 1 节末端，额角后脊不明显。尾节背面圆滑无纵沟，具两对可动刺。大螯细长，长为宽的 3 ~ 4 倍。

生态习性： 该种喜生活于泥沙质底的浅海。

地理分布： 在我国，该种分布于南北各海区；该种还分布于日本沿海。

3. 长臂虾科 Palaemonidae

脊尾长臂虾 *Palaemon carinicauda* Holthuis，1950

脊尾长臂虾（引自《东海底栖动物常见种形态分类图谱》，王春生）

脊尾长臂虾隶属于软甲纲 **Malacostrca**

十足目 **Decapoda**

长臂虾科 **Palaemonidae**

长臂虾属 *Palaemon*

形态特征：体透明，带蓝色或红棕色小斑点，腹部各节后缘颜色较深。抱卵雌性第 1 ~ 5 腹节两侧均有蓝色大圆斑。额角细长，长度是头胸甲长的 1.2 ~ 1.5 倍，末部 1/3 ~ 1/4 超出鳞片末端，基部 1/3 具 1 个鸡冠状隆起，上缘具 6 ~ 9 枚齿。中部及末端甚细，末部稍向上扬起，末端具 1 枚附加小刺，下缘具 3 ~ 6 枚齿。触角甚小，鳃甲刺较大，其上方有一明显的鳃甲沟。腹部自第 3 ~ 6 腹节背面中央有明显的纵脊。第 6 腹节长约为头胸甲长的 1/2。尾节长约为第 6 腹节长的 1.4 倍，背面圆滑无脊，具 2 对活动刺。第 1 步足较短小，指节稍短于掌部，腕节长约为指节长的 3.5 倍；长节短于腕节，长度约为腕节长的 9/10，约为座节长的 1.5 倍。第 2 步足较第 1 步足显著粗大，掌部稍超出鳞片末端；指节细长，两指切缘光滑无齿突，两边有梳状短毛；指节长约为掌部长的 1.9 倍，腕节长约为指节长的 1/2。第 3 步足约伸至第 1 触角柄的末端，掌节长约为指节长的 1.2 倍。第 5 步足约伸至鳞片末端或稍出，掌节长约为指节长的 2.2 倍，长节长为座节长的 2 倍。

生态习性：该种属温带和热带种。一般生活在水深 15 ～ 20 m、盐度不超过 29 的海域或河口等半咸淡水域。

地理分布：该种分布于我国黄海、东海、南海。

4. 玉蟹科 Leucosiidae

豆形拳蟹 Philyra pisum De Haan，1841

豆形拳蟹

豆形拳蟹隶属于软甲纲 **Malacostrca**

十足目 **Decapoda**

玉蟹科 **Leucosiidae**

拳蟹属 *Philyra*

形态特征：头胸甲宽约 1.5 cm。头胸甲长度稍大于宽度，表面隆起，着生分散的颗粒，额及前胃区的较细小，中胃区、心区及鳃区的较粗大。额窄而短，前缘平直，表面中央稍隆起。螯足粗壮，长节圆柱形，掌节扁平。步足近圆柱形，光滑，前节的前缘有 1 条隆线；指节扁平，中间有 1 条纵行隆线。

生态习性：该种生活环境为海水，一般生活在浅水及低潮线的泥沙滩上。

地理分布：在我国，该种分布于广东至辽东半岛沿海；该种还分布于朝鲜半岛、日本、印度尼西亚、菲律宾、新加坡、美国沿海。

5. 梭子蟹科 Portunidae

（1）三疣梭子蟹 *Portunus trituberculatus*（Miers，1876）

三疣梭子蟹

> 三疣梭子蟹隶属于软甲纲 **Malacostrca**
>
> 十足目 **Decapoda**
>
> 梭子蟹科 **Portunidae**
>
> 梭子蟹属 *Portunus*

形态特征：头胸甲长约 79 mm，宽约 145 mm，梭形。相对较宽，稍隆起，表面散有细小颗粒。额具 2 枚锐齿，前侧缘连外眼窝齿在内共有 9 枚齿。螯足壮大，长于所有步足，长节后末缘具 1 枚刺。末对步足扁平，适于游泳。

生态习性：该种栖息于水深 10～30 m 的泥沙质海底，常隐伏于沙下或海底物体旁。常见于拖网渔获中。食用价值高。

地理分布：该种在我国沿海广泛分布。

（2）拟穴青蟹 *Scylla paramamosain* Estampador，1949

拟穴青蟹

拟穴青蟹隶属于软甲纲 **Malacostrca**

十足目 **Decapoda**

梭子蟹科 **Portunidae**

青蟹属 *Scylla*

形态特征： 头胸甲宽约 120 mm。头胸甲呈横卵圆形，青绿色，背面隆起，光滑，分区模糊。前额具 4 枚突出的三角形齿，前侧缘具 9 枚齿。螯足光滑，腕节外侧面具不明显的 1 枚齿，内末角具 1 枚壮刺，指节肿胀而光滑。前 3 对步足趾节的前、后缘具刷状短毛，第 4 对的前节与指节扁平，呈桨状，善游泳。

生态习性： 该种栖息于江河入海口、内湾潮间带、红树林等盐度稍低的淤泥或泥沙质海底。

地理分布： 在我国，该种主要分布于浙江、福建、广东、广西、海南、台湾等沿海地区；该种还分布于日本、菲律宾、印度尼西亚、澳大利亚、所罗门群岛、斐济群岛、泰国、毛里求斯、南非沿海及红海等。

（3）双斑蟳 *Charybdis bimaculata*（Miers，1886）

双斑蟳

双斑蟳隶属于软甲纲 **Malacostrca**

十足目 **Decapoda**

梭子蟹科 **Portunidae**

蟳属 *Charybdis*

形态特征：体中型，头胸甲覆有浓密的短绒毛和分散的颗粒。鳃区各具一圆形小红点。额具 6 齿，居中的 1 对突出，呈宽三角形并以 V 形缺刻相隔。第 2 侧齿小，与内眼窝齿并立。眼窝腹缘向前突出，内眼窝齿宽大，内缘光滑，外缘具细锯齿。螯足不对称，长节前缘具 3 枚齿，后缘具 1 枚小刺；腕节内末角呈长刺状，外侧面具 3 枚小刺；掌节背面具 2 条颗粒隆线，近末端处各具 1 枚齿，外基角具 1 枚大齿。游泳足长节后缘基部具 1 枚刺，后末角呈三角形突出，前节后缘光滑。

生态习性：该种常栖息于近岸水草间或水深 20 ~ 430 m 的泥质以及沙质或泥沙混合而多碎贝壳的海底。

地理分布：该种分布于我国沿海；该种还分布于朝鲜半岛、日本、马尔代夫群岛沿海等。

6. 猴面蟹科 Camptandriidae

（1）宽身闭口蟹 *Cleistostoma dilatatum* de Haan，1835

宽身闭口蟹

宽身闭口蟹隶属于软甲纲 **Malacostrca**

十足目 **Decapoda**

猴面蟹科 **Camptandriidae**

闭口蟹属 *Cleistostoma*

形态特征：头胸甲宽约 15 mm，宽约为长的 1.5 倍。头胸甲呈圆方形，侧缘无齿，侧缘附近密布绒毛。螯足相对较小。步足粗壮，密布绒毛。体色为褐色。

生态习性：该种栖息于河口潮间带泥滩地。

地理分布：该种分布于我国沿海；该种还分布于日本、朝鲜半岛沿海。

（2）隆线背脊蟹 *Deiratonotus cristatum*（de Man，1895）

隆线背脊蟹

隆线背脊蟹隶属于软甲纲 **Malacostrca**

十足目 **Decapoda**

猴面蟹科 **Camptandriidae**

背脊蟹属 *Deiratonotus*

隆线背脊蟹的曾用名为 *Paracleistostoma cristatum*

形态特征：头胸甲长约 12 mm，宽约 18 mm，宽四方形，扁平。表面具有明显的横行隆线，边缘具绒毛及细小颗粒。额宽，宽度约为头胸甲宽的 1/2。雄性螯足大于雌性螯足。步足长节背面近前缘均具弧形隆线，并具绒毛及刚毛。

生态习性：该种穴居于河口泥滩和临海泥池。

地理分布：该种分布于我国渤海、黄海和东海。

7. 大眼蟹科 Macrophthalmidae

日本大眼蟹 *Macrophthalmus japonicus* de Haan，1835

日本大眼蟹

日本大眼蟹隶属于软甲纲 **Malacostrca**

十足目 **Decapoda**

大眼蟹科 **Macrophthalmidae**

大眼蟹属 *Macrophthalmus*

形态特征：头胸甲长约 23 mm，宽约 35 mm，宽为长的 1.5 倍左右。口前板中部具有明显的凹陷。眼柄长。雄性螯足大，两指间几无空隙，可动指基部具 1 枚大齿。雌性螯足小。

生态习性：该种穴居于近海潮间带或河口处的泥沙滩上。

地理分布：该种在我国沿海广泛分布。

8. 沙蟹科 Ocypodidae

弧边管招潮 *Tubuca arcuata*（de Haan，1853）

弧边管招潮

> 弧边管招潮隶属于软甲纲 **Malacostrca**
>
> 十足目 **Decapoda**
>
> 沙蟹科 **Ocypodidae**
>
> 管招潮属 *Tubuca*

形态特征：头胸甲长约 22 mm，前缘宽约 35 mm，后缘宽约 15 mm。后侧面具锋锐的隆脊。额窄，外眼窝齿向前突出。眼柄细长。雄性两螯足大小悬殊，大掌部外侧面密具疣突，可动指长约为掌长的 1.3 倍；雌性螯小而对称，与雄性的小螯相似。

生态习性：该种穴居于港湾的沼泽泥滩上，是沿海滩涂的常见种。

地理分布：该种在我国，分布于黄海、东海和南海；该种还分布于朝鲜半岛、日本、澳大利亚、新加坡、加里曼丹岛、菲律宾群岛沿海。

9. 方蟹科 Grapsidae

四齿大额蟹 *Metopograpsus quadridentatus* Stimpson，1858

四齿大额蟹

四齿大额蟹隶属于软甲纲 **Malacostrca**

十足目 **Decapoda**

方蟹科 **Grapsidae**

大额蟹属 *Metopograpsus*

形态特征：头胸甲宽约 25 mm。头胸甲呈倒梯方形，表面较平滑，分区不甚明显，深绿色，密布许多黄色横向条纹及斑点。前缘扁平，具细颗粒，额后隆脊分 4 叶，各叶表面具横行皱纹。前侧缘含眼窝外齿，具 2 枚尖齿。螯足不等大，紫色，长节内腹缘上具 3 ~ 4 枚锯齿，末部突出呈叶状，具 3 枚大锐齿及 1 ~ 2 枚小齿，外腹缘上也具锯齿，其末端具 1 枚锐刺。

生态习性：该种栖息于潮间带低潮区的岩石缝中或石块下。

地理分布：该种分布于我国黄海、东海、南海。

10. 弓蟹科 Varunidae

（1）狭颚新绒螯蟹 *Neoeriocheir leptognathus* Rathbun，1913

狭颚新绒螯蟹

> 狭颚新绒螯蟹隶属于软甲纲 **Malacostrca**
>
> 十足目 **Decapoda**
>
> 弓蟹科 **Varunidae**
>
> 新绒螯蟹属 *Neoeriocheir*

形态特征：头胸甲宽约 1.2 cm。头胸甲圆方形，表面平滑，分布小凹点。肝区低平，中鳃区有 1 条颗粒隆线，向后方斜行。额前缘近平直，近两侧处稍凹。前侧缘共有 3 枚齿，自第 3 齿向内侧有 1 条横行颗粒隆线。螯足长节内侧面的末半部着生软毛，掌节及两指内侧面密生绒毛。步足瘦长，各节前、后缘均着生长刚毛。

生态习性：该种栖息于红树林、盐沼草滩。

地理分布：该种分布于我国南海、东海。

（2）伍氏拟厚蟹 *Helicana wuana*（Rathbun，1931）

伍氏拟厚蟹

伍氏拟厚蟹隶属于软甲纲 **Malacostrca**

十足目 **Decapoda**

弓蟹科 **Varunidae**

拟厚蟹属 *Helicana*

形态特征：头胸甲呈四方形，长约 18 mm，宽约 25 mm。雄性眼窝下隆脊具 10 ～ 12 个突起，突起均延长而相互连接，最内的一个突起较长且具纵纹，最外侧的 2 ～ 3 个突起较小。雌性具 13 ～ 15 个突起，近长圆形。额向下倾斜弯曲，侧无锋利的额后脊。第 5 颚足有一斜行的短毛脊隆。第 1、2 步足腕节、长节的前面密具绒毛，幼体时绒毛不显著。雄性第 1 腹肢末端向背方弯指。

生态习性：该种穴居于泥滩上。

地理分布：该种分布于我国黄海、东海。

（3）天津厚蟹 *Helice tientsinensis* Rathbun，1931

天津厚蟹

天津厚蟹隶属于软甲纲 **Malacostrca**

十足目 **Decapoda**

弓蟹科 **Varunidae**

厚蟹属 *Helice*

形态特征： 头胸甲长约 25 mm，宽约 30.5 mm，四方形。眼窝下隆脊具数十个突起。雄性隆脊中部膨大，雌性隆脊中部不膨大。前侧缘具 4 枚齿，前 3 枚齿明显，第 4 枚齿仅呈痕迹状。额向下倾斜弯曲，无锋利的额后脊。螯足光滑无毛，步足有稀疏绒毛或无绒毛。

生态习性： 该种穴居于泥滩上。

地理分布： 该种在我国沿海广泛分布。

（4）长足长方蟹 *Metaplax longipes* Stimpson，1858

长足长方蟹

> 长足长方蟹隶属于软甲纲 **Malacostrca**
>
> 十足目 **Decapoda**
>
> 弓蟹科 **Varunidae**
>
> 长方蟹属 *Metaplax*

形态特征：头胸甲呈横长方形，长约 13 mm，宽约 17 mm，宽度约是长度的 1.4 倍，鳃区具两条横沟，心区具 H 形细沟，肠区两侧亦具细沟。额宽约是胸甲宽度的 1/3，前缘中部稍凹，表面有纵沟向胃区两侧延伸。眼窝腹下缘的隆脊具 9～10 个突起，其中愈靠近内端的则愈延长。侧缘具 5 枚齿，最后 2 枚齿隐约可见。螯足长节的背缘及腹内缘均具锯齿，后者近中部处具一发声隆脊，腕、掌节光滑，两指内缘具锯齿，可动指内缘基半部的锯齿较为突出。步足瘦长，第 2、3 对腕、前节密具短绒毛，第 1、4 对步足较小，腕、前节仅具少数绒毛。雄性腹部近长方形，分 7 节，尾节末缘钝圆；雌性腹部近圆形，尾节三角形。

生态习性：该种生活于泥沙滩上。潮间带种。

地理分布：该种分布于我国东海、南海。

11. 相手蟹科 Sesarmidae

（1）红螯螳臂相手蟹 *Chiromantes haematocheir*（de Haan，1835）

红螯螳臂相手蟹

红螯螳臂相手蟹隶属于软甲纲 **Malacostrca**

十足目 **Decapoda**

相手蟹科 **Sesarmidae**

螳臂相手蟹属 *Chiromantes*

形态特征：成体头胸甲宽 2 ~ 4 cm。头胸甲及步足大部分呈青灰色，成体雄性大螯及头胸甲前侧缘呈鲜红色或橙红色，亚成体及雌性呈黄褐色。头胸甲呈方形，表面平滑。胃区、心区有 H 形沟相隔。额宽约为头胸甲宽的 1/2，前缘平直，中央略凹，额后具显著的隆脊。外眼窝角呈三角形，侧缘无齿，前 1/3 向前略靠拢，后 2/3 平行。雄性螯足大于雌性螯足，外侧面光滑，常呈血红色；可动指背面光滑，雄性具 16 ~ 18 个颗粒，雌性具 10 ~ 14 个颗粒；不动指基部宽厚。雄性成体大螯足闭合具空隙，亚成体大螯足闭合较紧密。两指内缘均具锯齿，近末端处各具 1 枚较大齿，步足末 3 节均具黑色硬刚毛。雄性腹部呈三角形，尾节近圆形。雌性腹部圆大。

生态习性： 该种常穴居于近海淡水河流的泥岸上或生活于近岸的沼泽中。

地理分布： 该种分布于我国黄海、东海、南海。

（2）斑点拟相手蟹 *Parasesarma pictum*（de Haan，1835）

斑点拟相手蟹

斑点拟相手蟹隶属于软甲纲 **Malacostrca**

十足目 **Decapoda**

相手蟹科 **Sesarmidae**

拟相手蟹属 *Parasesarma*

形态特征： 头胸甲宽约 25 mm。头胸甲近方形，前半部黄黑相间，杂有粗糙颗粒，后半部红褐色，两侧具有几条斜形棱脊。螯足等大，掌节和两指节均红色。前侧缘除眼窝外齿外，其后还具 1 个不明显的齿痕。

生态习性： 该种栖于河口潮间带高潮区，常单独在红树林根系周围掘穴生活。

地理分布： 该种分布于我国广东、福建、浙江、山东等地。

五、脊索动物门 Chordata

硬骨鱼纲 Osteichthyes

虾虎鱼科 Gobiidae

（1）弹涂鱼 *Periophthalmus modestus* Cantor，1842

弹涂鱼

> 弹涂鱼隶属于硬骨鱼纲 **Osteichthyes**
>
> 　　　　鲈形目 **Perciformes**
>
> 　　　　虾虎鱼科 **Gobiidae**
>
> 　　　　弹涂鱼属 *Periophthalmus*

形态特征：体延长，侧扁。眼小，背侧位，突出于头顶之上，下眼睑发达。鼻孔每侧2个，前鼻孔圆形，为一小管。上、下颌齿各1行，尖锐，犁骨、腭骨和舌上均无齿。唇发达，软且厚。舌宽圆形，不游离。体和头部被圆鳞。无侧线。左、右腹鳍愈合成一吸盘，后缘凹入，具膜盖及愈合膜。尾鳍圆形。体呈灰褐色，腹面灰白色。第1背鳍边缘白色，第2背鳍中部具一黑色纵带，近鳍基底处褐色。

生态习性：该种栖息于海水或半咸水河口附近，退潮后常借胸鳍肌柄匍匐或跳动于泥滩上，稍受惊动即跳入滩上穴中或跳回水中，速度颇快。

地理分布：在我国，该种分布于南北各沿海；该种还分布于朝鲜半岛，日本沿海。

（2）青弹涂鱼 *Scartelaos histophorus*（Valenciennes，1837）

青弹涂鱼

青弹涂鱼隶属于硬骨鱼纲 **Osteichthyes**

鲈形目 **Perciformes**

虾虎鱼科 **Gobiidae**

青弹涂鱼属 *Scartelaos*

形态特征：体延长，前部亚圆筒形，后部侧扁。鼻孔每侧 2 个，前鼻孔具 1 个三角形短管。上、下颌齿各 1 行，犁骨、腭骨无齿。唇发达。舌大，略呈圆形，不游离。下颌腹面两侧各有 1 行细小短须。体和头部被细小退化圆鳞，前部鳞隐于皮下，后部鳞稍大。无侧线。第 1 背鳍高，基底短，鳍棘呈丝状延长，第 3 枚鳍棘最长。左、右腹鳍愈合成一吸盘，后缘完整。尾鳍尖而长，下缘略呈斜截形。体蓝灰色，腹部色较浅。体侧常具 5 ～ 7 条黑色狭横带，头背和体上部具黑色小点。第 1 背鳍蓝灰色，端部黑色，第 2 背鳍色暗，具小蓝点。臀鳍、胸鳍和腹鳍色浅。胸鳍鳍条和鳍条基部具蓝点。尾鳍具 4 ～ 5 条黑色横纹。

生态习性：该种栖息于海水及半咸水中，常匍匐于河口附近滩涂上。

地理分布：在我国，该种分布于东海、南海；该种还分布于印度、马来西亚、印度尼西亚、澳大利亚、菲律宾沿海。

（3）大弹涂鱼 *Boleophthalmus pectinirostris*（Linnaeus，1758）

大弹涂鱼

大弹涂鱼隶属于硬骨鱼纲 **Osteichthyes**

鲈形目 **Perciformes**

虾虎鱼科 **Gobiidae**

大弹涂鱼属 *Boleophthalmus*

形态特征：体延长，侧扁。头大，近圆筒形。眼小，位高，互相靠拢，突出于头顶之上。口大，略斜，两颌等长。体被小圆鳞，无侧线。胸鳍基部宽大，肌柄发达，腹鳍愈合成吸盘。体深褐色，背鳍和尾鳍上有蓝色小圆点。一般体长9 ~ 14 cm。

生态习性：该种属暖水性潮间带鱼种，喜穴居于软泥底质低潮区或半咸水的河口滩涂，借助胸鳍肌柄在泥滩上匍匐、跳跃、觅食。以底栖硅藻为主食。

地理分布：该种在我国沿海均有分布。

（4）大鳍弹涂鱼 *Periophthalmus magnuspinnatus* Lee，Choi et Ryu，1995

大鳍弹涂鱼

大鳍弹涂鱼隶属于硬骨鱼纲 **Osteichthyes**

鲈形目 **Perciformes**

虾虎鱼科 **Gobiidae**

弹涂鱼属 *Periophthalmus*

形态特征：体延长，侧扁。第 1 背鳍高耸，略呈三角形，鳍棘 11 ~ 12 枚，各鳍棘尖端短丝状，第 1 鳍棘最长。两背鳍基相距较近。体灰褐色。头侧无细点。第 1 背鳍浅褐色，近边缘具有 1 条有白边的较宽黑纹。尾鳍褐色，下方鳍条浅红色。

生态习性：该种为暖温性底层鱼类。喜穴居于软泥底质低潮区或半咸水的河口滩涂，借助腹鳍在泥涂上匍匐、跳跃、觅食。以底栖硅藻为主食。

地理分布：该种分布于我国南部沿海。

（5）小头副孔虾虎鱼 *Paratrypauchen microcephalus*（Bleeker，1860）

小头副孔虾虎鱼

小头副孔虾虎鱼隶属于硬骨鱼纲 **Osteichthyes**

鲈形目 **Perciformes**

虾虎鱼科 **Gobiidae**

副孔虾虎鱼属 *Paratrypauchen*

形态特征：体长一般 90 ~ 120 mm，大者可达 160 mm。体颇延长，侧扁，背缘、腹缘几乎平直，至尾部渐收敛。头短而高，侧扁，无感觉管孔。眼甚小，上侧位，在头的前半部。口小，前位，斜裂。具假鳃，鳃耙短而尖细。体被细弱圆鳞，头部、项部、胸部及腹部裸露无鳞，无背鳍前鳞，无侧线。背鳍连续，鳍棘部与鳍条部相连；臀鳍起点在背鳍第 6、第 7 鳍条基的下方，与尾鳍相连；胸鳍短小，上部鳍条较长；腹鳍小，左、右腹鳍愈合成一吸盘，后缘具一缺刻；尾鳍尖。体略呈淡紫红色，幼体呈红色。

生态习性：该种属于近岸小型底栖鱼类，栖息于浅海和河口附近，可在泥底中筑穴，以等足类、桡足类、多毛类、小虾苗及小鱼苗为食。

地理分布：在我国，该种分布于渤海、黄海、东海、南海；该种还分布于日本、朝鲜半岛、菲律宾、印度尼西亚、泰国、印度沿海。

（6）拉氏狼牙虾虎鱼 *Odontamblyopus lacepedii*（Temminck & Schlegel，1845）

拉氏狼牙虾虎鱼

拉氏狼牙虾虎鱼隶属于硬骨鱼纲 **Osteichthyes**

鲈形目 **Perciformes**

虾虎鱼科 **Gobiidae**

狼牙虾虎鱼属 *Odontamblyopus*

形态特征：体呈鳗形，前部亚圆筒形，后部侧扁而渐细。眼极小，退化，埋于皮下。眼间隔宽凸。鼻孔每侧2个，前鼻孔具1个短管。上颌齿尖锐，大齿状，外行齿露于唇外，下颌合部内侧具大齿1对。舌稍游离，前端圆弧形。鳞退化，体裸露而光滑。无侧线。背鳍、臀鳍连续，与尾鳍相连。胸鳍尖，伸达腹鳍末端。左、右腹鳍愈合成一尖长吸盘。尾鳍长而尖。体呈淡红色或灰紫色，背鳍、臀鳍和尾鳍黑褐色。

生态习性：该种栖息于河口或浅水滩涂海域，偶尔进入江河下游的咸淡水区域，一般穴居于 25 ～ 30 cm 深的泥层中。

地理分布：在我国，该种分布于渤海、黄海、东海和南海；该种还分布于朝鲜半岛、日本沿海等。

（7）斑尾刺虾虎鱼 *Acanthogobius hasta*（Temminck & Schlegel，1845）

斑尾刺虾虎鱼

斑尾刺虾虎鱼隶属于硬骨鱼纲 Osteichthyes

鲈形目 Perciformes

虾虎鱼科 Gobiidae

刺虾虎鱼属 *Acanthogobius*

形态特征：体延长，前部呈圆筒形，后部侧扁而细，尾柄粗短。头宽大，稍平扁，头部具3个感觉管孔。吻较长，圆钝。眼小，口大，向前斜裂。背鳍2个，分离；腹鳍小，左、右腹鳍愈合成一圆形吸盘；尾鳍尖长。体呈淡黄褐色，中、小个体，体侧常有数个黑斑。背侧淡褐色。头部有不规则暗色斑纹。胸鳍和腹鳍基部有1个暗色斑块。大的个体暗斑不明显。

生态习性：该种生活于沿海、港湾及河口咸淡水区，也进入淡水区。喜栖息于底质为淤泥或泥沙的水域。多穴居。

地理分布：该种分布于我国沿海；该种还分布于朝鲜半岛、日本沿海。

（8）黄鳍刺虾虎鱼 *Acanthogobius flavimanus*（Temminck et Schlegel，1845）

黄鳍刺虾虎鱼

黄鳍刺虾虎鱼隶属于硬骨鱼纲 **Osteichthyes**

鲈形目 **Perciformes**

虾虎鱼科 **Gobiidae**

刺虾虎鱼属 *Acanthogobius*

形态特征：体延长，前部呈圆筒形，尾柄长侧扁。头稍平扁，吻长而圆钝，头背稍隆凸。眼小，位于背侧，微突出于头前半部。鼻孔 2 对，前鼻孔较大，短管状，近上唇；后鼻孔较小，圆形，边缘隆起，紧邻眼前上方。口小，前位，向下斜裂。上、下颌约等长，具多行排成带状的尖细齿，外行齿较粗壮。唇厚。舌游离，前端平截形。鳃孔宽大，峡部宽，具假鳃。身体黄灰褐色至浅黄灰绿色，腹部色浅，体侧具 1 条棕褐色云状纵纹，眼前及下至上唇有 2 条黑纵纹。体表被弱栉鳞，胸部和腹部被圆鳞，无侧线。第 1 和第 2 背鳍明显分离，背鳍和尾鳍浅褐色，具节状黑斑；胸鳍基具 1 个浅褐斑；腹鳍黄白色，愈合成吸盘。雌、雄性特征显著：雄性体色浓艳，头大唇厚，略瘦，第 2 背鳍及臀鳍后方延长；雌鱼头较小，体色淡，腹部胀白。

生态习性：该种栖息于浅海淤泥及泥沙底质的海区，也进入河口咸淡水区。喜摄食虾类。

地理分布：该种分布于我国沿海；该种还分布于朝鲜半岛、日本沿海。

参考文献

［1］刘瑞玉.中国海洋生物名录［M］.北京：科学出版社，2008.

［2］陈大刚，张美昭.中国海洋鱼类［M］.青岛：中国海洋大学出版社，2016.

［3］水柏年，赵盛龙，韩志强，等.鱼类学［M］.上海：同济大学出版社，2015.

［4］水柏年，韩志强，田阔.渔业资源调查与评价［M］.北京：海洋出版社，2017.

［5］水柏年，赵盛龙，韩志强.系统鱼类学［M］.北京：海洋出版社，2018.

［6］水柏年.龙港市河口红树林大型底栖动物调查与研究报告［R］.浙江：浙江海洋大学，2024.

［7］赵盛龙，徐汉祥，钟俊生，等.浙江海洋鱼类志［M］.浙江：浙江科学技术出版社，2016.

［8］陈伟峰，彭欣.浙江南部海洋鱼类图鉴［M］.北京：海洋出版社，2023.

［9］寿鹿.东海底栖动物常见种形态分类图谱［M］.北京：科学出版社，2024.

［10］王茂剑，宋秀凯.渤海山东海域海洋保护区生物多样性图集［M］.北京：海洋出版社，2017.

［11］张素萍.中国海洋贝类图鉴［M］.北京：海洋出版社，2008.

［12］王瑁.海南东寨港红树林软体动物［M］.厦门：厦门大学出版社，2013.

［13］刘亚林，蒋晓山，邹清，等.温州海域常见海洋生物图谱［M］.北京：海洋出版社，2018.

［14］王健鑫，赵盛龙，陈健.舟山海域海洋生物野外实习指导手册［M］.北京：海洋出版社，2016.